MW01205817

Sergio Adrián Martin

Fuentes alternas de energía

Energía limpia para un mundo mejor

Editorial Académica Española

Impresión
Informacion bibliografica publicada por Deutsche Nationalbibliothek: La Deutsche Nationalbibliothek enumera esa publicacion en Deutsche Nationalbibliografie; datos bibliograficos detallados estan disponibles en Internet en http://dnb.d-nb.de.
Los demás nombres de marcas y nombres de productos mencionados en este libro están sujetos a la marca registrada o la protección de patentes y son marcas comerciales o marcas comerciales registradas de sus respectivos propietarios. El uso de nombres de marcas, nombres de productos, nombres comunes, nombres comerciales, descripciones de productos, etc incluso sin una marca particular en estos publicaciones, de ninguna manera debe interpretarse en el sentido de que estos nombres pueden ser considerados ilimitados en materia de marcas y legislación de protección de marcas, y por lo tanto ser utilizados por cualquier persona.

Imagen de portada: www.ingimage.com

Editor: Editorial Académica Española es una marca de
LAP LAMBERT Academic Publishing GmbH & Co. KG
Dudweiler Landstr. 99, 66123 Saarbrücken, Alemania
Teléfono +49 681 3720-310, Fax +49 681 3720-3109
Correo Electronico: info@eae-publishing.com

Publicado en Alemania
Schaltungsdienst Lange o.H.G., Berlin, Books on Demand GmbH, Norderstedt,
Reha GmbH, Saarbrücken, Amazon Distribution GmbH, Leipzig
ISBN: 978-3-8454-9498-2

Imprint (only for USA, GB)
Bibliographic information published by the Deutsche Nationalbibliothek: The Deutsche Nationalbibliothek lists this publication in the Deutsche Nationalbibliografie; detailed bibliographic data are available in the Internet at http://dnb.d-nb.de.
Any brand names and product names mentioned in this book are subject to trademark, brand or patent protection and are trademarks or registered trademarks of their respective holders. The use of brand names, product names, common names, trade names, product descriptions etc. even without a particular marking in this works is in no way to be construed to mean that such names may be regarded as unrestricted in respect of trademark and brand protection legislation and could thus be used by anyone.

Cover image: www.ingimage.com

Publisher: Editorial Académica Española is an imprint of the publishing house
LAP LAMBERT Academic Publishing GmbH & Co. KG
Dudweiler Landstr. 99, 66123 Saarbrücken, Germany
Phone +49 681 3720-310, Fax +49 681 3720-3109
Email: info@eae-publishing.com

Printed in the U.S.A.
Printed in the U.K. by (see last page)
ISBN: 978-3 8454-9498-2

Copyright © 2011 by the author and LAP LAMBERT Academic Publishing GmbH & Co. KG
and licensors
All rights reserved. Saarbrücken 2011

Fuentes alternas de energía

Autor: Ing. Sergio Adrián Martin

Índice

Capítulo 1 Las necesidades energéticas del siglo XXI. 2

Capítulo 2 Estudio de alternativas del uso de la energía eólica 3

Capítulo 3 El futuro geotérmico 12

Capítulo 4 Modelos alternativos de generación de electricidad por fuerza mareomotriz. ...13

Capítulo 5 Combustibles sintéticos y bio-combustibles. 29

Capítulo 6 El Helio 3 como recurso energético 36

Capítulo 7 Tecnología de concentradores solares...43

Capítulo 8 Nanosolar, retando a los paneles solares tradicionales. 57

Bibliografía 58

Capítulo 1 Las necesidades energéticas del siglo XXI.

El siglo XXI se ha iniciado con guerras motivadas por el petróleo y un fuerte crisis económica que puede marcar un punto sin retorno para la civilización como la conocemos.

A diferencia de lo que muchos creen, la guerras del futuro no estarán marcadas por problemas como la escasez de agua. La tecnología actual garantiza que s puede disponer de agua (reciclada en todo caso) siempre que se cuente con energía barata.

La revolución industrial de hace 200 años fue posible gracias a que se contaba con energía abundante para crear una estructura productiva nueva. En el siglo XXI, la ventaja la tendrán las naciones que puedan producir con mínimos de desperdicio energético, y que usen sus fuentes de energía para mantener su producción, y suplir las necesidades de su población sin caer en dependencia respecto a otras naciones.

Mientras alternativas productivas basadas en la inteligencia artificial se muestran como prometedoras, estas solo son posibles si se cuenta con la energía suficiente para mantenerlas en operación.

Muchos aun continúan confiando en una pasmosa fascinación con las tecnologías de la comunicación y la información, y parecen olvidar que estas también dependen de la disponibilidad de los recursos energéticos.

En tiempos de crisis, los defensores del medio ambiente viven con el temor de que sus exigencias pasen a un segundo plano frente a un mundo dispuesto a depredar los recursos naturales, en un ultimo afán por sobrevivir, y no se dan cuenta de que la mejor esperanza para la preservación del medio ambiente puede provenir de la explotación de fuentes de energía renovables o no tradicionales.

Desde cualquier punto de vista, hablar de la forma como se aborden las necesidades energéticas a futuro es hablar de decisiones que pueden significar la supervivencia o no de naciones enteras.

Nuestro futuro depende de la decisiones que tomemos, y las mejores decisiones serán tomadas en la medida en que mejor informados estemos de los problemas energéticos.

Capítulo 2 Estudio de alternativas del uso de la energía eólica

Resumen: El autor presenta un estudio de las características de la energía eólica, sus ventajas y desventajas, los fundamentos matemáticos sobre la eficiencia de los aerogeneradores, y una postura sobre su uso.

Introducción:

No es algo nuevo el uso de la energía del viento con diversos propósitos. En la antigua Persia se desarrollaron los primeros molinos de viento, y entre los primeros grandes navegantes que se valieron de los vientos para recorrer los mares estuvieron los fenicios. Incluso se ha llegado a plantear que los primeros habitantes de la tierra de fuego, al sur de Chile, llegaron navegando usando los vientos y las corrientes oceánicas desde la polinesia o de Australia.

Sin embargo, el desarrollo de revolución industrial basado en la explotación del carbón, y posteriormente del petróleo como fuente de energía hizo que por mucho tiempo el uso de las fuentes eólicas de energía se viera como algo del pasado. Han sido las crisis petroleras de las últimas tres décadas las que han impulsado principalmente la necesidad de buscar alternativas a la insaciable sed de energía de nuestros tiempos.

La curva de Hubbert y el futuro de las fuentes de energía.

En los años 50, un científico que trabajaba para Shell, el Dr. Hubbert, empezó a investigar sobre los efectos de una posible escasez de petróleo. Sus investigaciones demostraron que los pozos de petróleo no se llegan a agotar a un 100%, pero dejan de ser inviables económicamente después de superado el punto pico de máxima producción, tras lo cual con el correr del tiempo cada litro de petróleo que se extrae se hace a expensas de mayores gastos de producción. Después de analizar el ritmo como se iban descubriendo y agotando los pozos de petróleo en USA, pudo crear una curva que proyectaba el punto máximo de producción petrolera para ese país en 1970. Para 1973, la crisis provocada por los países de la OPEP demostró que Estados Unidos ya no podía producir mas petróleo de lo que había hecho en el pasado para suplir su demanda interna.

Los trabajos de Hubbert predijeron que el mundo llegaría al pico de la curva de producción entre el año 2000 y el 2005. No es sorprendente entonces que el ataque de las torres gemelas y las guerras subsecuentes se hayan desarrollado en este periodo, en que el control de las reservas petrolíferas se volvería una cuestión crítica a nivel mundial. Esta situación ha vuelto a poner en relevancia el desarrollo de nuevas tecnologías energéticas, sobre todo por que tras el incidente de Chernobil en 1986, ha crecido enormemente la cantidad de escépticos sobre el uso de la energía nuclear, como una fuente que haya de sustituir la merma de la producción petrolífera.

El viento como fuente de energía.

Aparte del uso en la navegación marítima, el viento se uso extensivamente para el abastecimiento de agua y en los procesos de molienda de grano. De ahí la idea del molino de viento. Hoy día, para distinguirlos se les llama aerogeneradores, puesto que están diseñados específicamente para la generación de energía eléctrica.

Entre las ventajas obvias radica el no tener que consumir ningún recurso fósil ni el crear algún residuo contaminante. Por otra parte, las desventajas radican en que los vientos no siguen patrones tan predecibles como el del sol, y puede llegar a ser tan problemático el hecho de que un día no haya viento como el que sople a tal intensidad como para poner en peligro la instalación misma.

Tomando en cuenta lo expuesto anteriormente se pueden aprovechar ciertos efectos conocidos por los expertos en el área para aprovechar al máximo este recurso:

- Efecto parque: Cuando se presenta suficiente viento para hacer funcionar un aerogenerador, se genera turbulencia en su alrededor y queda suficiente potencia que no es aprovechada por un solo aerogenerador pero que puede ser usada por otro colocado atrás o a un lado de este. De allí que rara vez los aerogenerador operan aisladamente, casi siempre se dispone de un "parque" de aerogeneradores para obtener la máxima potencia posible del viento.

4

Fig. 1

- Efecto túnel: Hay muchos pasos entre montañas o incluso pequeños espacios entre colinas por donde se desliza el viento que va de un valle a otro, de forma periódica generalmente, lo que hace de estos accidentes geográficos lugares idóneos para colocar aerogeneradores.

- Efecto tierra-mar: Muchas planicies costeras resultan perfectas para el emplazamiento de aerogeneradores, especialmente por lo recurrente de las brisas marinas, y por la natural circulación del aire entre la tierra y el mar por efecto de la diferencia de temperaturas en su superficie, la cual varia a ritmos distintos dependiendo de la hora del día, mientras el viento actúa como fluido conventito entre las dos masas. Esto ha sido aprovechado por siglos por los molinos de vientos colocados en diferentes lugares en Holanda, y de forma más reciente por los proyectos de aerogeneradores que se usan en la costa de Dinamarca.

Fig. 2

Como una forma de solventar algunos de los inconvenientes del uso de aerogeneradores se usan ciertos elementos adicionales:

Normalmente un aerogenerador lleva integrado un multiplicador mecánico, cuyo propósito es que cuando el eje del aerogenerador gira una vez, el eje del generador eléctrico habrá girado varias veces. El resultado es que se generara una señal eléctrica de más alta frecuencia que la que normalmente se obtendría en un generador ordinario, la cual será más fácilmente controlable que la frecuencia normal de 60 Hz. A su vez, si la velocidad de giro se reduce mucho, aun se estará generando una señal a la salida de mayor frecuencia que la de 60 Hz, la cual podrá transmitirse hasta el punto de almacenaje de energía. Toda la energía producida, independientemente de la frecuencia a que se presente, será rectificada y manipulada con dos fines:

a) Almacenar la energía en bancos de baterías para aprovecharla aun cuando no haya viento suficiente para usar los aerogeneradores.

b) Contar con una reserva de energía que electrónicamente se pueda reconformar para generar una señal de 60Hz que pueda entregarse a la red publica, independientemente de que tanta potencia se este obteniendo de los aerogeneradores en un momento dado.

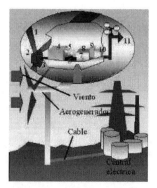

Fig. 3

La eficiencia del aerogenerador

Independientemente de la forma o tipo de aerogenerador con que se este operando, si asumimos que el aerogenerador es un medio para la conversión de energía, debemos de presumir que solo una parte de la energía que entra al aerogenerador será convertida en energía mecánica útil, y el resto, ya que no puede convertirse directamente en calor, como en las maquinas térmicas, será energía residual que se llevara consigo el flujo de aire que sale del aerogenerador.

Suponiendo que no hay cambios en la altura del flujo de aire que atraviesa el aerogenerador, la relación entre la energía que entra y la que sale dependerá únicamente de la diferencia entre las velocidades de entrada y la de salida. También deberá asumirse que no hay cambios en la densidad del aire ni cambios en la temperatura del mismo. Esto se puede expresar matemáticamente como:

$$Fc = (\frac{1}{2}\rho v_1^2 - \frac{1}{2}\rho v_2^2)A$$

Donde Fc es la fuerza que aparece entre la salida y la entrada del aerogenerador.

, v1 es la velocidad del aire entrando al aerogenerador
, v2 es la velocidad del aire que sale del aerogenerador,
A es el área transversal del aerogenerador, la cual se asume constante

7

, y ρ es el peso especifico del aire, el cual no varia durante la conversión de energía.

Luego la potencia convertida seria:

$$Pc = Fcv_m = (\frac{1}{2}\rho v_1^2 - \frac{1}{2}\rho v_2^2)A(\frac{v_1 + v_2}{2})$$

(1)

Habría que asumir que la potencia entrante por su parte será:

$$Pa = (\frac{1}{2}\rho v_1^2)Av_1$$

(2)

Luego, la eficiencia del proceso de conversión se reduce a la expresión:

$$\eta = \frac{Pc}{Pa} = \frac{(v_1^2 - v_2^2)(v_1 + v_2)}{2v_1^3}$$

(3)

De acuerdo a la expresión anterior, se podría alcanzar una eficiencia equivalente al 100% si se lograra que la velocidad de salida del aire en el aerogenerador fuese cero. Pero esto no es posible en la práctica. De llegar a darse e caso, simplemente el aerogenerador no funcionaría.

Suponiendo que k es la relación entre v2 y v1, un valor que puede variar entre 0 y 1, sin llegar nunca a estos valores extremos, se podría escribir:

$$\eta = \frac{(1 - k^2)(1 + k)}{2}$$

(4)

$$\frac{d\eta}{dk} = \frac{(1 - 2k - 3k^2)}{2}$$

(5)

El valor al cual se presentará la máxima eficiencia correspondería cuando la derivada se hace cero:

$$0 = 3k^2 + 2k - 1 = (3k - 1)(k + 1)$$
$$k_1 = 1/3$$
$$k_2 = -1 \tag{6}$$

Como el segundo valor no se puede dar en la práctica, el primero resultara en el único valido, y por lo tanto la máxima eficiencia se logra cuando la velocidad de salida es un tercio de la velocidad de entrada al aerogenerador.

El valor de η para ese caso de 0.5926, es decir un 59.26% de eficiencia.

Al comparar estos niveles de eficiencia, resulta que un aerogenerador puede ser más eficiente que cualquier central térmica de energía, pero menos eficiente de lo que sería una pila de combustible. Esto también lo hace competitivo con la energía fotovoltaica. Sin embargo, es el costo de la inversión inicial de la construcción del aerogenerador, y la expectativa de vida útil del mismo lo que lo encarece respecto a otras fuentes de energía. Tras sopesar pros y contras en muchos lugares de California y de Arizona se ha optado por construir parques de aerogeneradores supliéndose en parte la demanda de energía eléctrica, y aprovechando vientos que permanecen constantes la mayor parte del año. Los costos de inversión inicial pueden cubrirse a largo plazo, y muchos prevén que con el mantenimiento adecuado muchos parques de aerogeneradores pueden durar por más tiempo de lo que duran muchas centrales hidroeléctricas, afectando mucho menos al medio ambiente.

El problema de la utilización in-situ.

Desde el momento en que es posible generar energía eléctrica mediante el uso de un aerogenerador, existen varios cuestionamientos a considerar:
1-Muchos de los sitios en que se genera la electricidad en esta forma (valles montañosos, playas, lagunas costeras, etc.) pueden garantizar una producción casi continua de electricidad pero se encuentran en lugares distantes del sitio de consumo de la electricidad. Si se toma en cuenta las perdidas en la distribución de potencia, bien vale la pena pensar en la mejor alternativa para el uso de la electricidad producida.
2-Hay un edificio, el World Trade Center de Barhein, que incluyen aerogeneradores dentro de su estructura:

Fig. 4

Ello implica que la electricidad producida ha de utilizarse en el edificio mismo, para el consumo en los diversos recintos del edificio.

Este tipo de arquitectura, aunque es funcional, representa un reto para las construcciones ya existentes, las cuales no podrían aprovechar este recurso tan fácilmente.

Debido a las dificultades señaladas, la posibilidad de convertir utilizar la electricidad producida in-situ es limitada, a menos que se pueda reconvertir en algo diferente que sea útil o transportable. Es aquí donde surgen otras posibilidades:

1-El uso de la electricidad en la compresión de aire, para contar con depósitos de aire comprimido que pueda utilizarse en vehículos de tipo CAT (comprimed air technology). El único inconveniente es que no todos los sitios que recurran a esta conversión son accesibles a vehículos de este tipo.

Fig.5

2-Otra posibilidad de usar la electricidad para producir hidrógeno por electrolisis de agua. El hidrógeno puede ser usado en vehículos que lo usen directamente como combustible, o en vehículos con pilas de combustible de hidrógeno.

3-Adicionalmente, se pueden mezclar las dos tecnologías anteriores para producir amoniaco. Usando el método Haber, se puede separar el nitrógeno del aire y recombinarlo con hidrógeno para producir amoniaco. El amoniaco tiene muchos usos industriales, entre ellos el de servir como producto intermedio en la fabricación de hidracina, un conocido combustible sintético, que también puede ser usado en pilas de combustible.

Tomando en cuenta lo anterior, la energía eólica puede ser aprovechada para producir electricidad, que puede o no ser transportada a distancia, o usada in situ, ya sea en forma directa o para producir otros elementos o sustancias útiles.

Conclusiones

La energía eólica esta disponible y representa una alternativa limpia y competitiva con otras posibles fuentes de energía alternativas. Si algo hace falta es un empuje inicial que la coloque en el mercado nacional, ya que internacionalmente ya se ha ido ganando un terreno propio. La gran pregunta que queda sin respuesta es ¿Hasta cuando seguirá El Salvador gastando en combustibles fósiles teniendo los medios para impulsar las fuentes de energía limpia, que pueden contribuir a hacernos menos dependientes de los productores de petróleo, y que nos pueden encaminar hacia el desarrollo.

Capítulo 3 El futuro geotérmico

De acuerdo a declaraciones oficiales, mucho de lo recomendado en cuanto a ampliar la matriz energética en el fondo se ha restringido a buscar construir más represas y nuevos pozos geotérmicos.

En el pasado, durante la administración del Crnl.. Arturo Armando Molina, se construyeron las primeras centrales geotérmicas.

Con el advenimiento de la guerra, la mayor parte de los esfuerzos energéticos consistían en evitar que la guerrilla destruyera la infraestructura ya existente.

La ola privatizadora de los años 90 redundo en que en la actualidad la compañía chilena LaGeo sea el principal explorador de pozos geotérmicos en el país.

Actualmente la GTZ trata de promover el uso de tecnologías de baja potencia que permita explotar pozos de menos de 100 metros de profundidad.

Aunque se trata de una energía barata, no es absolutamente limpia. En países como Filipinas, donde se explota desde hace años, no es raro que el vapor de agua extraído de tales pozos contenga sales de boro y arsénico, por lo cual se debe de someter a tratamiento cualquier agua emanada de un pozo geotérmico.

Si a esto se agrega el hecho de que ningún sistema geotérmico convierte el 100 por ciento del calor, sino cuando mucho operan a una 30% de eficiencia, el calor residual contribuye a la "polución térmica".

Aun así, dejando a un lado los inconvenientes citados, siempre es preferible al energía geotérmica que el uso de centrales térmicas a base de bunker de petróleo, ya que estas siendo igualmente ineficientes contribuyen al efecto invernadero y son parte de la eterna cadena de dependencia de derivados de petróleo.

Así pues, aunque la participación de la energía geotérmica en la matriz energética del país sea cuestionable, no hay duda que al menos en cierta proporción tendrá participación, aun cuando difícilmente se le puede considerar una energía limpia.

Capítulo 4 Modelos alternativos de generación de electricidad por fuerza mareomotriz.

Resumen: El autor aborda los problemas de la generación de energía a partir de los recursos del mar, las fuerzas involucradas y sus orígenes, y las técnicas que permiten aprovechar estas fuerzas, tanto las tradicionalmente aceptadas como mareomotrices como las más recientes de tipo undimotriz. También se muestran alternativas que pueden ser viables para casi cualquier punto de la costa salvadoreña.

Introducción

La fuerza del mar ha presentado un espectáculo magnifico de poder frente a los ojos del hombre desde siempre. Sin embargo, han sido muy pocas las ocasiones que este ha podido hacer uso de ese poder. En la actualidad, el poder contar con una fuente de energía más, que de paso sea limpia y más predecible que otras, hace que para El Salvador el mar se presente como una alternativa energética atractiva.

Antecedentes históricos

Se sabe que en Huelva, España, durante el medioevo operaron molinos que aprovechaban el cambio de mareas para mover grandes ruedas, las cuales a su vez movían las piedras de moler. Este es un mecanismo similar a los clásicos molinos de viento en Holanda, o a diversos molinos que aprovechaban la fuerza de las corrientes de agua, y de los que hay restos por casi toda Europa.

La revolución industrial aprovechó primero la fuerza originada del carbón, y durante casi todo el siglo XX, la energía del petróleo. No fue sino hasta 1967, cuando se dio la construcción de la primera central eléctrica mareomotriz en el estuario del río Rance, en Francia, que se podría ver a la energía mareomotriz como una alternativa seria frente a otras fuentes de energía.

Fig. 6. Primera central mareomotriz en Francia.

Bases geofísicas que explican las fuerzas mareomotrices.

Dentro del confuto de fuerzas que están involucradas alrededor de las energías del mar hay que reconocer varios factores:

1-*Los efectos de la rotación terrestre:* A pesar de que todos los océanos están conectados entre sí, un hecho curioso es que existen diferencias de nivel entre un océano y otro. La primera vez que esto se hizo manifiesto fue cuando Magallanes y su tripulación cruzaron el llamado "Estrecho de Magallanes". Se encontraron con un paso entre los océanos en el cual Sudamérica servia de "dique natural", entre las aguas del Atlántico y El Pacifico. Debido a la diferencia de nivel entre ambos océanos, en este punto de paso se concentra fuertes corrientes marinas, que dificultan notablemente la navegación.

Esta misma diferencia de nivel entre los océanos, dificultó las primeras obras de construcción del canal de Panamá, a tal punto que los constructores franceses originales abandonaron la obra y el proyecto de un solo canal en esa zona. Seria el diseño norteamericano basado en esclusas y un lago artificial el que lograría sortear la dificultad de la diferencia de nivel entre los océanos. Esta diferencia coloca al Atlántico a 12 mts. por encima del Pacifico a nivel del canal de Panamá, pero esta diferencia se ve alterada por factores como la atracción de la luna o del sol.

La diferencia interoceánica se ve afectada en estos puntos donde una franja de tierra separa a estos océanos por causa de la fuerza centrífuga generada por la rotación de la tierra (girando de oeste a este. Esto hace que el Atlántico tienda a moverse hacia las tierras occidentales. Si la tierra girara en sentido contrario, el Atlántico se "retiraría" varios metros dejando al descubierto varios metros de tierra en la costa del Caribe. De igual forma, se presentaría una fuerte corriente en el estrecho de Magallanes, pero iría en sentido contrario.

De no ser por el hecho de que la zona del estrecho de Magallanes casi no tiene población, seria una zona ideal para aprovechar estas corriente marinas para producir electricidad.

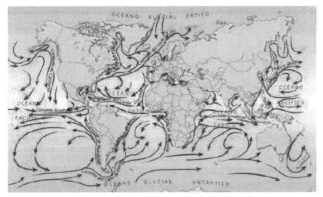

Fig. 7. Diagramas de corrientes marinas

2-Efectos gravitacionales de la luna y el sol. En el mar Mediterráneo, los antiguos griegos pudieron ver la periodicidad de las diferencias del nivel del mar.

Por mucho tiempo se intuyo que existía una relación entre la posición de la luna y el cambio de las mareas, pero no fue hasta el establecimiento de la teoría de la gravitación universal por parte de Newton que se contó con una explicación científica a los cambios de las mareas. Estas se presentan por efecto de la conjugación de la atracción del sol y la luna en un punto especifico de la tierra. Estas fuerzas de atracción se oponen a la atracción terrestre, lo cual arrastra el agua de mar hacia arriba, haciendo que en ese punto de la costa se presente lo que se llama "marea alta" o marea "viva".

Cuando la fuerza de la atracción de la luna forma un ángulo de 90 grados respecto a la atracción terrestre en un punto del océano, y a su vez, el sol esta en posición opuesta a la luna, en ese punto prevalece la fuerza de gravedad terrestre y es más fácil que el agua del mar sea atraída hacia "abajo". Este es un punto en que se presentará una marea baja.

El fenómeno de la marea alta, ligado a la orbita de la luna que es de 28 días, y a que el mar responde como un todo, hace que si la luna se presenta en un punto, provocando una marea alta en ese lugar, también se presenta el mismo fenómeno en el punto opuesto de la tierra. Así pues, en dos ocasiones cada 28 días (o una vez cada 14 días) se debe presentar la marea alta en algún punto de la tierra, convirtiendo a este en un fenómeno cíclico y fácilmente predecible.

En lugares como la bahía de Mont Saint Michel en Francia, las variaciones de las mareas llegan hasta los 13 mts., lo que hace que periódicamente Mont Sant Michel pase de ser una isla (durante

15

la marea alta), a ser un monte sobre la costa (durante la marea baja). Por otra parte, las diferencias provocadas por la marea en el Estrecho de Magallanes llegan a los 8.5 metros.

Fig. 8. Vistas de Mont Saint Michel afectadas por las mareas.

3-*Efectos atmosféricos*: Cuando se dan fuertes vientos mar adentro, esto tiene efecto en el incremento del oleaje. A la energía asociada al vaivén de las olas, más que a los cambios en la marea, se le conoce como energía undimotriz y representa una alternativa al uso de la energía asociada al mar que si bien es más irregular que la energía de las mareas, puede llegar a tener magnitudes importantes, y se pueden implementar proyectos a una escala y costo menores que propuestas probadas de energía mareomotriz clásica.

4-*Casos especiales*: Existen casos especiales del comportamiento oceánico:
a) Las fuerzas de los tsunamis que provocan movimientos oceánicos inesperados y que han provocado desastres como la devastación de poblados en Indonesia en diciembre de 2004.
Este fenómeno ha estado siempre ligado a terremotos en las placas tectónicas bajo el océano.
b) El caso de la desembocadura del río Amazonas, donde la magnitud del flujo de agua dulce es tal que las magnitudes de las variaciones del océano son prácticamente imperceptibles. En lugar de la marea normal, se da el fenómeno de pororoca, una marejada que avanza a unos 15 a 25 km/h, formando una pared de agua de 1,5 a 4 m de altura, arrastrando lodo que da origen a varios bancos de lodo mar adentro.

Modelos basados en presas en ensenadas

Si se cuenta con un brazo de mar, en un punto donde los niveles de marea varíen lo suficiente, se puede colocar una presa a la mitad del brazo de mar para contener el paso del agua cuando la marea sube. Cuando esta llega a su máximo se puede hacer pasar el agua por una turbina y después al segmento de tierra que no se lleno durante la crecida de la marea.

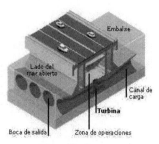

Fig. 9

El movimiento de las turbinas puede ser usado para generar electricidad. Cuando la marea empiece a bajar, se debe cerrar el acceso a las turbinas hasta que del lado que de al océano, la marea hay bajado por debajo del nivel que tiene el agua que esta mas cerca de tierra.

En ese momento, cuando la diferencia de nivel del agua es lo suficientemente grande como para proporcionar la presión mínima para accionar las turbinas, se deben volver a abrir las compuertas y el agua hará que las turbinas operen, pero girando en dirección opuesta.

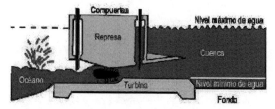

Fig. 10

Cuando se llega al punto de marea baja, se vuelve al punto inicial en que toda compuerta debe ser cerrada, en espera de que la marea suba lo suficiente como para crear la diferencia mínima que permita reiniciar el ciclo de producción de energía.

17

La desventaja evidente de este sistema es que no mantiene una producción continua de potencia, sino más bien intermitente. Sin embargo, se puede prolongar cada intervalo de generación de energía gracias al control del flujo de agua que llegara a las turbinas. Aun así, hay dos intervalos de tiempo dentro de los 28 días del ciclo de la marea, durante los cuales el nivel de potencia generado llega a 0, debido al cierre de las compuertas. Esto hace que la generación de potencia descienda drásticamente en esos intervalos, y dificulta cualquier tarea de interconexión de este tipo de central con un sistema de distribución convencional.

A pesar de lo anterior, generar potencia por este medio, para ser usada en un poblado pequeño, como generación in-situ, acompañado de otro medio de cogeneración, como una fuente de energía solar o de otro tipo, representa una alternativa viable a depender de un suministro común que se vuelve cada año más caro.

Modelos basados en generadores de hélices.

Una de las dificultades de un sistema mareomotriz basado en una represa es que los mejores lugares para implementarlos son estuarios naturales, en la desembocadura de ríos que no pasen de los 60 metros de ancho. De otra forma, el costo de la presa seria muy alto en consideración a los niveles irregulares de energía producidos.

Sin embargo, hay lugares como el río Este de Nueva York, o el área del Tamesis en Londres, que no tienen las características de un estuario, el ancho de la apertura del agua es muy grande como para construir una presa, o simplemente son zonas portuarias donde una construcción de ese tipo entorpecería a la principal actividad económica de la ciudad, y por lo tanto una presa resulta impractica.

A pesar de lo anterior, el simple flujo de la marea en estos lugares es lo bastante grande como para pensar en utilizarlo, buscando que no afecte a otras actividades.

Para lograr ello, es viable la posibilidad de usar turbinas sumergidas.

Fig. 11

Foto de turbina a sumergirse en East River New. York, dirigido por la empresa Verdant Power

En este tipo de modelo, se colocarían columnas sumergidas en el fondo de una bahía o terreno sumergido, y en la parte media se colocarían dos turbinas que convertirían el flujo de agua impulsado por la marea en energía mecánica. Se podría acoplar los generadores a las turbinas directamente, pero para evitar exponer estos a filtraciones de agua salada, se pueden acoplar las turbinas a bombas hidráulicas llenas de aceite, que hagan que este fluya hasta la parte sobresaliente de cada columna. Allí se pueden colocar los generadores eléctricos, fuera del agua, y usar cables suspendidos a mayor altura, o cables submarinos para conectar las columnas con una estación distribuidora en tierra.

Fig. 12

19

Aunque este arreglo se presta para un área mayor que la del modelo basado en represa, y se puede dejar suficiente espacio entre columnas como para dejar paso libre a embarcaciones, la construcción misma exige una técnica superior a la de construcción de presas, y esta sujeta a fallas mayores debido a que las propelas del sistema de turbinas esta más expuesto que en un modelo basado en presas.

El costo de instalación puede ser menor que un modelo basado en presa, pero los niveles de potencia pueden verse reducidos si el flujo de agua es irregular.

A continuación se muestra una tabla de los niveles de potencia generados en la instalación en East River.

Velocidad Corriente [m/s]	Potencia Agua [kW]	Potencia Eléctrica [kW]
0,7	3,4	0,0
0,8	5,1	2,0
0,9	7,3	3,0
1,0	10,0	4,0
1,1	13,4	5,0
1,2	17,3	6,0
1,3	22,0	8,0
1,4	27,5	10,0
1,5	33,9	12,0
1,6	41,1	15,0
1,7	49,3	17,5
1,8	58,5	21,0
1,9	68,8	25,0
2,0	80,3	29,0
2,1	92,6	34,0
2,2	106,9	38,0

Otros sistemas que aprovechan las mareas.

En otros sistemas, se aprovecha de forma indirecta el cambio de las mareas. Algunos son tan simples como una simple boya atada al fondo mediante un cable de nylon, unido a una polea en el fondo y finalmente llevado a la costa. Allí se acopla mecánicamente a un generador y a un contrapeso.

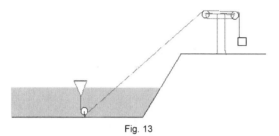

Fig. 13

Cuando sube la marea, la boya se eleva, hala del cable y este mueve al generador en tierra. Al bajar la marea, le contrapeso arrastra al cable a su posición original y este trata de lleva a la boya a su altura y posición original.

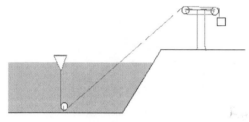

Fig. 14

Este es un sistema para origina pequeñas potencias, pero si se contara con una cantidad suficiente de boyas en un punto de la costa con una profundidad de más de 9 metros, se podría proporcionar energía suficiente como para un poblado pequeño de unas cuantas casas, aunque habría que disponer de otra fuente co-generadora para el periodo de mínima producción entre mareas.

Otra forma de lograr aprovechar la energía de las mareas es mediante el uso de aire comprimido en pozos construidos en acantilados. El agua entraría al pozo por debajo, comprimiría el aire, y al alcanzar la presión necesaria, este se haría pasar por turbinas cólicas, que generarían la electricidad necesaria.

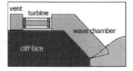
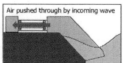
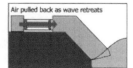

Fig. 15

La ventaja de este sistema es que resulta más barato que la construcción de un dique, y las partes mecánicas están menos expuestas a la corrosión del agua del mar. Sin embargo, los mismos problemas entorno a la dependencia de los ciclos de la marea están presentes aquí. Un sistema como este funciona en la isla escocesa de Islay.

En algunas ocasiones se hace uso de convertidores del flujo de las mareas en base a disposiciones similares a los de turbinas de hélice, pero basados en dispositivos con eje de giro vertical, llamados "defensa de marea"

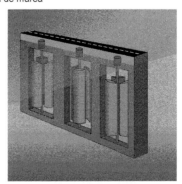

Fig. 16

Otro modelo, más apropiado a aprovechar en entorno de estuarios seria como el propuesto para el estuario Severn, en Gales. Este modelo es llamado de "arrecife de marea".

Fig. 17

Cada segmento seria móvil, para permitir el paso de los barcos en un momento dado, y aprovechar las mareas sin interrumpir el transporte marítimo

Fig. 18

Claro esta, los costos de instalación y operación de un "arrecife de marea" serian superiores a los de cualquier otro sistema, pero permitirían que zonas portuarias aprovecharan este recurso energético sin prácticamente ningún impacto en el comercio.

Características idóneas de los mejores sitios en El Salvador

De acuerdo a FUTECMA (Fundación tecleña pro medio ambiente) uno de los mejores lugares no explotados en el país, se encuentra en los acantilados de Taquillo, que se prestan notablemente para proyectos de conversión de marea en aire comprimido.

Algunos de los puntos en que se presentan estuarios y brazos de mar en la costa salvadoreña son los siguientes, pero un estudio detallado de la profundidad del agua y del espacio disponible ayudaría a definir si es mas apropiado un modelo basado en presa o alguno de los otros sugeridos para estuarios.

Los jiotes en la Unión (cerca de la desembocadura del río Goascoran)
En las cercanías de la Hacienda La Chepona (desembocadura del río Grande).
En el Chile, cerca de la Bahía de Jiquilisco.
En los alrededores de Puerto El Triunfo.
En las Mesas, cerca de la desembocadura del río Lempa.
En la desembocadura del río Chiquito, cerca del Cantón Pimiental, en la Paz.
En la desembocadura del río Paz, cerca de la frontera con Guatemala.
En la desembocadura del río Jiboa.
En el brazo de mar cerca del Retiro, Usulutan.

Modelo del generador Pelamis

Este es uno de los sistemas que utiliza el oleaje (por lo tanto es un convertiror undimotriz) para generar electricidad. Esta formado por varios flotadores, cada uno orientado en dirección axial al oleaje, y poseedores de un alto momento de inercia. Entre ellos hay un acople mecánico que mueve pistones hidráulicos conforme se reposiciona cada uno en relación al adyacente por efecto del oleaje. Esto provoca un bombeo de fluido hidráulico que pasa a un motor hidráulico dentro de cada flotador. Este se acopla a un generador que da origen a la corriente eléctrica que es el producto final del sistema.

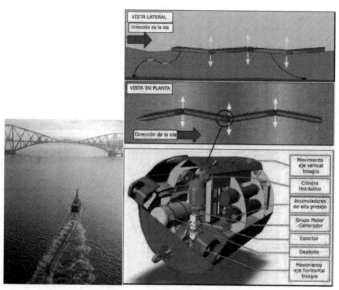

Fig. 19

La ventaja del Pelamis es que los elementos activos están integrados dentro del mismo dispositivo, lo que implica que solo se requiere una conexión a tierra para el proceso de distribución de la potencia. Ya que el oleaje puede ser más continuo que las mareas, los sistemas undimotrices pueden garantizar una generación menos discontinua que los sistemas puramente mareomotrices.

Este sistema ya esta en operación en un lugar de la costa de Portugal llamado Povoa de Varzim, con una capacidad de 2.25 MW.

Modelo del proyecto Welcome

El proyecto Welcome ha estado siendo desarrollado en islas Canarias, en España, y tiene varias similitudes con el Pelamis, pero se basa en sistemas de tres boyas, conectadas entre sí por cables. El cable que une a tres boyas se mantiene inmóvil con una masa sensible el movimiento en la boya central. Una inclinación producto del oleaje es suficiente para provocar el movimiento de los tres pesos en las boyas, que actúan en forma similar a una maquina de Atwood, pero si los tres pesos son iguales, la aceleración máxima es un tercio de la aceleración que experimentaría el solo peso libre en la boya central. Esto reduce las fuerzas de impacto de este peso en los puntos extremos de la carrera, pero implica que el acople mecánico entre el generador y el cable tenga que compensar las velocidades reducidas.

25

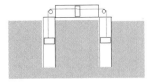

Posición inicial

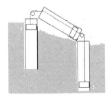

Posición final

Fig. 20

El inconveniente obvio es tener que disponer pozos dentro de las boyas, pero ello se puede reducir mediante el uso de aparejos de poleas, lo cual reduciría la magnitud de los desplazamientos verticales. Otro inconveniente tiene que ver con el acople mecánico del cable al generador de electricidad.

Para contar con un completo sistema de "granja generadora", las boyas se unen por cables de poder a una unidad submarina que hace las veces de controlador de distribución de potencia.

Otros sistemas de conversión del oleaje.

Renewable Energy Holdings responsable de CETO, un sistema que bombea agua de mar a generadores en tierra. Este sistema ya ha sido probado en SeaMantle, Australia.

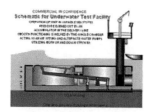

Fig. 21

Igualmente existe el llamado modelo Oyster, el cual mediante un dispositivo con un extremo flotante aprovecha el oleaje para bombear fluido hidráulico a una estación en la costa, donde la presión resultante mueve a un generador.

Fig. 22

Conclusiones

El mundo no solo necesita energía para el desarrollo, requiere de fuentes de energía limpias y renovables. Casi todas las naciones del mundo cuentan con costas al mar. El Salvador tiene mas de 200 Kms. de costas, y aunque varios puntos de la costa podrían ser apropiados para centrales mareomotrices convencionales, al estar disponibles varias alternativas undimotrices que pueden adaptarse a casi cualquier costa, queda abierta la posibilidad de proveer a muchas zonas costeras con al energía que las haga autónomas.

Los recursos de mar no han sido explotados plenamente a la fecha. Si hay disponibilidad de energía ilimitada, también queda abierta la posibilidad de energía para barcos mercantes, flotas pesqueras, plantíos de acuacultura, y muchas otras alternativas que solo son posibles con una basta fuente de energía limpia.

Capítulo 5 Combustibles sintéticos y bio-combustibles.

El hecho de que en muchos lugares no se cuente con una fuente de energía in-situ, o de que simplemente la red de distribución eléctrica no llegue a cubrir tal sitio, hace que necesariamente se utilicen plantas que operen en base a combustibles.

Igualmente, la dependencia de casi todos los medios de transporte de combustibles hace que el estudio de combustibles alternativos sea un tema imprescindible al estudiar fuentes alternativas de energía.

Los combustibles alternativos se pueden clasificar en:

a) Combustibles sintéticos.

b) Bio-combustibles.

Los combustibles sintéticos pueden o estar basados en hidrocarburos, pero en su estructura molecular inevitablemente estará presente el hidrógeno. Se consideran sintéticos por que no hay necesariamente una base biológica para su síntesis. Entre ellos están el metano sintético, el acetileno, la hidracina, el nitro-metano, y cualquier hidrocarburo sintético.

Los bio-combustibles por otra parte, son el resultado del tratamiento químico de alguna forma de bio-masa, e incluyen sustancias bien conocidas tales como el metano, el etanol o el bio-diesel.

Combustibles nitrogenados

Vivimos en una sociedad dependiente extremadamente del petróleo. Aunque ya se cuenta con tecnologías como los autos eléctricos, las pilas de combustible de hidrógeno o los autos de aire comprimido (sobre el cual ya se escribió un articulo en este sitio), aun seguimos dependiendo del uso de combustibles.

Como combustibles alternativos, ya se hizo mención en el pasado a dos que han sido probados con éxito: el nitro-metano y la hidracina. El punto relevante acerca de ellos es que, a excepción del nitro-metano, son compuestos nitrogenados. Un combustible, como la hidracina, que no contuviese átomos de carbono en su estructura molecular, al quemarse, no produciría CO_2, y por lo tanto no contribuiría de forma significativa al efecto invernadero.

Sobre la hidracina hay varias consideraciones:

1-Se puede construir un motor de turbina que sea alimentado por hidracina y aire y es de esperar una potencia similar a cualquier motor de combustión interna.

2-Hay pilas de combustible fabricadas por Siemens que son competitivas a las pilas de hidrógeno.

3-El único inconveniente relevante de la hidracina es su potencial como contaminante, pero si tomamos en cuenta que el petróleo y sus derivados son igualmente tóxicos y medioambientalmente adversos, su uso al final no resultaría peor que el de los hidrocarburos.

La síntesis de la hidracina se da a partir de amoniaco disuelto en agua, sometido a electrolisis, provocando la perdida de hidrógeno, y originando una solución de hidracina y agua:

$2NH_3 \rightarrow N_2H_4 + H_2$

El nitró-metano como combustible sintético

A nivel universitario existe cierto interés en los combustibles alternativos, especialmente en aquellos que pueden ser sintetizados sin necesidad del uso del petróleo. Uno de ellos es el nitro-metano.

Y es que este se encuentra casi en el limite entre combustibles sintéticos y bio-combustibles. Resulta de una reacción controlada entre el metanol y el ácido nítrico. Hace 50 años se usaba en forma exclusiva como combustible para cohetes, pero en los años 60 empezaron a experimentar con su uso en automotores. Los resultados iniciales resultaron un poco desalentadores, por que la potencia generada era tal que podía dañar motores convencionales. Sin embargo en una proporción de 1 volumen de nitro-metano por 3 volúmenes de metanol, es usado desde hace 30 años como combustible para los vehículos especiales de las llamadas carreras de arrastre. Estas son carreras cortas con vehículos de alto caballaje.

El hecho interesante, es que un motor especial adaptado a un vehículo normal puede hacer uso de este combustible. Métodos para sintetizar el ácido nítrico se conocen desde hace 100 años, y el metanol necesario para producir el combustible depende únicamente de la capacidad para fabricarlo como producto de la destilación de la madera, o como subproducto de otros procesos de fermentación. Significa que la posibilidad de usar este combustible estaría al alcance de la mano, como una alternativa al uso del etanol o del bio-diesel.

El problema, claro esta, es que el gobierno actual confía más en comprar tecnología de otras latitudes, y endeudar al país en el proceso, que en desarrollar tecnologías nuevas, a pesar de la abrumadora evidencia al respecto.

Hidrocarburos sintéticos

La idea de crear hidrocarburos sintéticos no es nueva, se remonta hasta finales del siglo XIX. La primera síntesis d este tipo corresponde a la fabricación del acetileno, a partir de la combinación de carburo de calcio y agua:
$Ca_2C+2H_2O->C_2H_2+2CaOH$

De la misma forma se puede fabricar metano sintético en base a carburo de hierro. En 1925 Franz Fischer se hizo acreedor al premio Nóbel de química por sus trabajos en la síntesis de cadenas de hidrocarburos más largos, al punto de llegar incluso a crear sustitutos para la gasolina. Los trabajos de Fischer tuvieron extendida aplicación en Alemania durante la segunda guerra mundial, pero cayeron en desuso después de esta. El llamado proceso Lurgi permite convertir el metano en metanol, el cual tiene múltiples aplicaciones industriales. Este proceso pasa con convertir el metano en monóxido de carbono e hidrógeno, para agregar un átomo de oxigeno a cada mol transformado y originar metanol.
La hidrogenación del acetileno por su parte da origen a etileno, a partir del cual se puede generar etanol sintético usando acido sulfúrico como catalizador.

$C_2H_4+H_2O->C_2H_5OH$
Una vez se pueden sintetizar los alcoholes básicos, la síntesis de hidrocarburos más complejos es posible gracias al uso del método d Corey-House.

Así por ejemplo, si se quiere sintetizar propano, esto es posible de la siguiente forma:

Si se contara con un litiato de metilo, producto de al combinación de metano e hidróxido de litio, y además se contara con bromuro de etilo (resultante de la combinación de alcohol etílico y ácido bromhídrico) se podría producir la siguiente reacción:

$CH_3Li + C_2H_5Br -> LiBr + C3H8$

Para sintetizar moléculas más complejas solo se requiere crear bromatos del ultimo hidrocarburo sintetizado y combinarlo con el litiato de la cadena de hidrocarburo que se quiera agregar.

La sal de litio residual se puede reciclar para dar origen a hidróxido de litio y ácido bromhídrico. La ruptura de esta sal involucra un costo en energía, pero esto es un inconveniente menor.

Biocombustibles

Los combustibles de origen biológico son variadas.

El metano, también conocido como gas de los pantanos, existe en forma natural mezclado con los depósitos de las minas de carbón. Se puede obtener de las bio-celdas de procesamiento de basura orgánica, que ya operan en muchos países, del uso de digestores de biogás que procesan desechos agrícolas. Una fuente no explotada de metano son depósitos de hidrato de metano que se encuentran a 800 mts. de profundidad en el lecho marino frente a la costa pacifica de norte y centro-América.

El etanol se puede obtener de la fermentación de una gran variedad de sustancias de origen vegetal. Ello incluye granos como el trigo o el maíz, el arroz, la caña de azúcar, y mas recientemente elementos más exóticos como la palma de azúcar de Indonesia, o el árbol del coyol de Costa Rica.

Igualmente es posible obtener una fracción de etanol en el proceso de destilación destructiva de la madera.

El metanol, conocido como alcohol de madera, es uno de los principales productos derivados de la destilación destructiva de la madera.

El bio-diesel puede obtenerse de una serie de plantas oleaginosas, que incluye al aceite de algodón, el aceite de maíz, aceite de palma, y m{as recientemente la yatrofa. El procesamiento normalmente incluye el tratamiento para la eliminación de la glicerina, o la mezcla con sodiato de metilo para formar aceites más pesados.

Claro esta, la fabricación de bio-combustibles se ha tornado polémica debido a que sus detractores alegan que el uso de tierras para cultivos que se han de convertir en combustibles representa una competencia desleal a los esfuerzos por erradicar el hambre.

Sin embargo, si se toma en cuenta que en la actualidad en Estados unidos se produce más tabaco que trigo, es obvio que el problema esta más influenciado por intereses económicos que por el factor energético propiamente. Si las tierras que actualmente se dedican a las cosechas de tabaco se usaran para producir alimento, sobrarían granos para producir bio-combustibles, y nadie cuestionaría las posibles hambrunas.

Incidentes como la hambruna de Somalia demuestran que buena parte del hambre en el mundo dependen más de incidentes políticos, que de cuotas de producción. Un sistema de distribución de alimentos que no estuviera politizado garantizaría suficientes alimentos y suficientes bio-combustibles.

Probablemente, una de las mayores esperanzas para el desarrollo de bio-combustibles radica en podar usar tierras baldías en las cuales no se pueden obtener cultivos útiles para la alimentación humana, pero que si puedan usarse para cultivar vegetales que provean de bio-combustibles.

GreenFuel y problema del calentamiento global

La compañía GreenFuel al igual que otros se dedican a la fabricación de combustibles sintéticos, y esa clase de compañías generalmente dejan desechos de dióxido de carbono y agua como parte de la fabricación de sus productos.

Sin embargo, esta empresa encontró una solución muy peculiar: el dióxido de carbono es enviado a tanques de cultivo de algas, las cuales aprovechando la luz solar, generan oxigeno y limpian el aire. Se ha comprobado que estas algas se reproducen a u un ritmo de duplicar su tamaño cada 24 horas. Las algas son aprovechadas después para generar bio-diesel, y también se puede usar para alimentación humana o de animales.

El uso de algas como una forma de remediación del aire ya había sido probado unos años atrás por los rusos en el proyecto BIOS-3. Ha demostrado ser un método para purificar el aire en futuros viajes espaciales.

De paso, empresas aeronáuticas como Virgin Atlantics han incursionado en usar combustibles derivados de algas para sus aviones. Esto ilustra una esperanza en que los métodos para sustituir los derivados del petróleo pueden llevar a disminuir a futuro las emisiones de dióxido de carbono, y a remedir el problema del calentamiento global.

Fuentes de hidrato de metano

Hace un par de años, el gobierno en turno estaba jugando con la idea de explotar hidrato de metano del fondo del mar frente a las costas de El Salvador. Sin embargo, no paso mucho tiempo antes de que se hiciera evidente de que aun contando con submarinos de exploración, los costos de tal aventura superarían a los beneficios de la misma.

Tomando en cuenta lo anterior, como es posible que ahora los rusos estén explotando hidrato de metano en su territorio. La respuesta es que no han tenido que extraerlo del fondo del mar. En lugar de ello, se han descubierto depósitos de hidrato en el permafrost de la estepa siberiana. De esa forma no tienen que perforar más de 2 metros en el suelo para extraer el hidrato mezclado con lodo. Con solo calentarlo en una cámara hermética, el metano se separa de la mezcla, y puede ser bombeado a depósitos a presión, para ser enviado a plantas de procesamiento mediante gasoductos.

Aunque el uso del metano no contribuye en nada al problema de calentamiento global, es menos problemático que la explotación del petróleo, y de cualquier forma, si la temperatura en Siberia llega a subir por culpa del calentamiento global, el impacto del metano libre seria superior al del dióxido de carbono, haciendo que la situación a nivel mundial empeore más rápidamente.

Capítulo 6 El Helio 3 como recurso energético

Resumen: El autor expone diversos aspectos sobre fisión y fusión nuclear, el papel del helio 3 en la producción de energía, y propuestas prácticas para su uso futuro.

Introducción:

Uno de los hechos propios de las sociedades modernas es la necesidad de energía para los procesos productivos y para mantener el estilo vida a que estamos acostumbrados. Sin embargo, la crisis energética de hace más de 1 año, sumado al actual desastre ecológico producido por el derrame petrolero en el Golfo de México, amenaza con cambiar cualquier predicción que se tenga para el futuro de los recursos energéticos.

De lo anterior no resulta sorprendente que se busquen alternativas renovables de energía, ya que el petróleo y otros combustibles fósiles amenazan el medio ambiente y solo puede esperarse que a futuro resulten cada vez más caros. Una de esas alternativas no es otra que el helio 3.

Fusión vs. Fisión

Para 1942 los científicos del proyecto Maniatan ya contaban con el primer reactor de uranio. Se habían adelantado a sus competidores alemanas, al usar grafito en lugar de agua pesada como moderador de neutrones. El objeto de la fisión, es usar un material radioactivo con alto peso atómico para generar energía. Si un átomo de uranio 235 es alcanzado por un neutrón, el núcleo se desestabiliza y al romperse libera mas neutrones y una gran cantidad de energía. En un reactor atómico este tipo de reacción no llega a niveles incontrolables gracias al uso de barras de cadmio, que pueden bloquear la cantidad de neutrones que llegan a las barras de uranio. Si se quiere que los neutrones restantes viajen a la velocidad correcta para mantener la reacción se necesita de un moderador de neutrones.

Si en algún momento dado, las reacciones anteriores no se controlan, y la cantidad de neutrones en la reacción crece demasiado, se tendrá una reacción en cadena incontrolable y una explosión atómica.

De la misma forma, grandes niveles de energía se liberan si se colisionan entre si átomos ligeros, como el hidrógeno. De hecho, en relación a su masa, la reacción de "fusión de átomos" resulta más poderosa que la reacción de fusión. De allí, que al desarrollarse la primera bomba de hidrógeno, se lograron liberaciones del orden del megatón, mientras que la primera bomba de uranio solo libero 12 kilotones. Fuera de las aplicaciones militares obvias, durante cerca de 60 años se ha buscado la fusión controlada del hidrógeno para fines pacíficos, sin haberse logrado algún resultado práctico dure más de una fracción de segundos.

La dificultad del problema radica en que los núcleos de hidrógeno tienen polaridad positiva y tienden a repelerse entre si. Para vencer esa fuerza de repulsión se requiere que los núcleos sean acelerados a grandes velocidades, lo cual solo se puede lograr en dos formas:

a) Incrementando la energía a temperaturas extremas, como las que existen en la superficie del sol.

b) Usando campos electromagnéticos que permitan acelerar los núcleos a velocidades que representen una fracción de la velocidad de la luz.

Si se pretenden incrementar notablemente las temperaturas, la alternativa más fácil es usar una explosión de fisión. Es decir, se utilizaría una bomba de uranio como detonador de una bomba de hidrógeno. Claro esta, esta no es una reacción controlada y solo tiene aplicaciones militares.

Otra alternativa consiste en usar un dispositivo como el reactor Tokamat, un tipo de reactor en el cual, el hidrógeno es calentado al nivel de plasma y se mantiene confinado mediante un potente campo magnético, y se va elevando la temperatura interna por efecto de la inducción electromagnética. Sin embargo, este método no esta perfeccionado, y no hay ningún reactor de este tipo que funcione de manera permanente.

Una tercera alternativa implica el uso de rayos láser, enfocados sobre un núcleo de un isótopo de hidrógeno. Aunque es una alternativa esperanzadora, no es un dispositivo que entregue energía de forma continua, y todos los modelos existentes son experimentales.

A finales de los años 80, el doctor Pons en Inglaterra dio a conocer el llamado método de la fusión fría, el cual fue desacreditado en su tiempo. En teoría, si se hacia pasar hidrógeno a través de un cátodo de paladio, la estructura cristalina de este material mantendría a los núcleos de hidrógeno muy cerca de si, sin que la repulsión de sus cargas eléctricas interfiriera, y un campo eléctrico, como el que aparecería al pasar una fuerte corriente por el cátodo llevaría a la fusión del hidrógeno. Sin embargo, cualquier experimento que comprobara que esto fuera posible no funciono en manos de otros investigadores. En la actualidad, esta teoría ha sido retomada, pero en busca de una combinación con las técnicas basadas en el uso de laser, con la esperanza de que funcionen.

La posibilidad de lograr la fusión mediante la aceleración electromagnética ha sido demostrada en el caso del acelerador de Hadrones que empezó a funcionar hace 2 años en Europa. Sin embargo, su aplicación es para fines experimentales, en la búsqueda de partículas subatómicas como el Boson de Higgins, que hasta el momento solo se especula su existencia.

Es ante las difícultales que representa la fusión controlada del hidrógeno que surge como alternativa el helio 3.

Características del Helio 3

El helio ordinario es el llamado Helio 4, cuyo núcleo esta formado por dos protones y dos neutrones. Es un gas químicamente inerte, no radioactivo, y se puede obtener como subproducto de la reacciones atómicas que involucren el desprendimiento de partículas alfa, las cuales son básicamente helio ionizado viajando a alta velocidad.

El Helio 3 por su parte, es un isótopo raro del helio. Posee dos protones y un neutrón. No es radioactivo y es estable. Al igual que el Helio 4 s químicamente inerte, lo cual implica un problema obvio: no hay ni óxidos y sales de ningún tipo de Helio 3 o de Helio 4, y siendo gases ligeros, cualquier reacción atómica que los produzca redundara en un gas que se disipara en la atmósfera, a menos que de alguna forma quede atrapado dentro de un entorno impermeable.

En la naturaleza, encontrar rastros de Helio 3 es posible en lugares como e desierto de Atacama, en Chile, el desierto mas seco del mundo. Esta característica, garantiza que durante millones de años algunas rocas no han sido movidas por la lluvia o el viento, asi que han estado expuestas siglo tras siglo a la radiación cósmica que viene del espacio exterior. Esta radiación ha provocado que algunos materiales en las rocas hallan reaccionado generando pequeñas cantidades de Helio 3, y al no haberse desgastado o fraccionado por la erosión, el Helio 3 ha quedado atrapado en su interior. Sin embargo, en al menos 20 millones de años que tiene este desierto, las cantidades de Helio 3 acumulado en las rocas es insignificante.

En los años 90, los japoneses tenían planeado hacer viajes a la luna, en busca de Helio 3 acumulado en las rocas lunares. Después de todo, en un ambiente en el que no hay ni agua, ni aire que erosione las rocas, y en el que tampoco hay un campo magnético como el de la tierra que reduzca los efectos de la radiación cósmica, es más factible que se encuentren depósitos de helio 3. Sin embargo, hasta el momento, nadie ha desarrollado una tecnología que haga practico un viaje de explotación de este recurso lunar.

Las alternativas que quedan involucran su fabricación artificial, pero antes de entrar en ese punto vale la pena entender su relación con el hidrógeno.

Hidrógeno y Helio 3.

El Hidrogeno puro como material de fusión no es particularmente aplicable. Son los isótopos del hidrógeno los que en todo caso pueden ser útiles. Los isótopos del hidrógeno son:

a) El deuterio, cuyo núcleo tiene un protón y un neutrón.
b) El tritio, con un protón y dos neutrones.

La presencia de los neutrones en los núcleos de estos átomos debería de interferir en la distribución del campo eléctrico alrededor de ellos, y a su vez, estos neutrones ayudarían a estabilizar cualquier núcleo resultante en una reacción de fusión.

El tritio en particular tiene una característica interesante: su vida media es de 12 años, y en ese intervalo de tiempo la mitad de su masa se transforma en helio 3.

$$H_1^3 \longrightarrow He_2^3 + \beta$$

Ello implica, que si s tuvieran 2200 gramos de oxido de tritio en un contenedor abierto, en el transcurso de 12 años, 1100 gramos de este se habrían evaporado aparentemente sin razón, porque al menos 600 gramos originalmente serian de tritio, de los cuales la mitad se convertirían en helio 3 . Estos 300 gramos de helio no podrían reaccionar con el oxigeno, y de los 1600 gramos de oxigeno presentes originalmente en el deposito, 800 gramos se evaporarían. Para evitar que el Helio 3 se disipara, habría que guardar el oxido de tritio en un contenedor cerrado, y se obtendrían al cabo de 12 años 300 gramos de helio 3.

Por supuesto, esta es una forma muy lenta de producir Helio 3. la siguiente reacción tiene la ventaja de que produce helio 3 y energía:

$$H_1^2 + H_1^2 \longrightarrow He_2^3 + n + 3.268 meV$$

El inconveniente obvio, es que hay que provocar la colisión de dos núcleos de deuterio. En ocasiones esta reacción, origina tritio en lugar de helio 3, así:

$$H_1^2 + H_1^2 \longrightarrow H_1^3 + p + 4.032 meV$$

Si por otra parte, se hace reaccionar el tritio y el deuterio, se obtiene helio 4:

$$H_1^2 + H_1^3 \longrightarrow He_2^4 + n + 17.571 meV$$

Es justamente esta reacción, la que ha resultado particularmente esquiva en los intentos de lograr una fusión atómica controlada. Aunque esta reacción daría un subproducto estable, la siguiente ofrece aun más energía:

$$H_1^2 + He_2^3 \longrightarrow He_2^4 + p + 18.354 meV$$

Al usar el Helio 3 entre los elementos del lado izquierdo de la reacción es que se logran niveles mayores de producción de energía, sin la producción de neutrones que puedan volver radioactivo el entorno. Es justamente estos niveles de energía producidos lo que hace que el helio 3 sea particularmente atractivo como combustible nuclear.

Sin embargo, el hecho de que sea un material particularmente escaso, es lo que lo vuelve una alternativa difícil de usar. Además, la ultima reacción, involucra provocar una fusión con deuterio, presentándose las mismas dificultades de todas las reacciones de fusión de hidrógeno.

Si por otra parte, se busca la fusión de átomos de helio 3 únicamente, se tendrá:

$$He_2^4 + He_2^3 \longrightarrow He_2^4 + 2p + 12.86 meV$$

Esta reacción, aunque produce menos energía, esta entre las más prometedoras en la practica, si se lograra contar con suficiente helio 3.

Alternativa propuesta

Las dificultades expuestas anteriormente implica que haya que fusionar núcleos valiéndose de los métodos descritos. Pero si en lugar de buscar una reacción de fusión, se buscara una fisión del helio 3 se tendría:

$$n + He_2^3 \longrightarrow H_1^3 + H + 0.764 meV$$

Esta reacción, aunque produce poca energía al compararla con las anteriores posee una ventaja, al usar neutrones como proyectiles para provocar la reacción, estos pueden desplazarse in verse afectados por los campos eléctricos de los núcleos, así que no se requiere de aceleradores electromagnéticos, ni de un reactor electromagnético, ni de laseres para lograrla. Es la reacción más simple y natural posible, y la verdadera dificultad radica en obtener el helio 3. El otro recurso necesario para esta reacción esta en contar con una fuente controlada de neutrones, pero ello es posible si se cuenta con un reactor nuclear convencional o un radioisótopo que pueda generar neutrones.

Fuente artificial de Helio 3

Tal como se ha indicado, si se cuenta con una fuente de agua pesada, la mayor parte de esta seria oxido de deuterio, y una pequeña fracción seria oxido de tritio. Si se somete el deuterio a una fuente de emisión de neutrones, este se transformara en tritio. El tritio, lentamente puede transformarse en helio 3, y su vez el helio 3 reaccionando con neutrones se transformará en tritio e hidrógeno. De poder aislar el tritio residual a la larga originará mas helio 3. Este ciclo no es rápido ni barato, y a la larga la producción de helio 3 puede ser tan cara y compleja como lo fue en su tiempo la construcción del primer reactor nuclear, pero es una alternativa prometedora en tiempos de crisis.

Capítulo 7 Tecnología de concentradores solares

Resumen

El autor presenta una descripción de diversas técnicas relacionadas con el uso de la energía solar, enfocándose principalmente en la problemática de diseño de concentradores solares, el uso de técnicas de seguimiento del sol, de conversión y l almacenamiento de energía.

I. Introducción.

La energía solar representa un recurso del cual el hombre ha querido disponer desde el inicio de los tiempos. Sin embargo ha sido hasta recientemente que ha cobrado relevancia. En buena medida, ello se debe a los problemas energéticos que se han presentado después del fin de la guerra fría, y que están íntimamente ligados a las guerras del golfo que se han librado hasta la fecha.

Para la década de los 70's, cuando los países de la OPEP decidieron incrementar los precios del petróleo, se hizo evidente que las naciones desarrolladas (los principales consumidores de petróleo y otros recursos energéticos) no podían seguir dependiendo de ello indefinidamente. Ya en esa época se predijo que el petróleo restante en el mundo solo podría satisfacer la demanda por los siguientes 30 años. Sin embargo, el esfuerzo de los Estados Unidos por la construcción del oleoducto de Alaska, y principalmente el desarrollo de técnicas nuevas de refinado que prácticamente cuadriplicaron la posibilidad de extraer gasolina a como se había hecho hacia entonces, permitieron satisfacer buena parte de la demanda por los siguientes 20 años.

Fue justamente en la década de los 70's que auspiciados por la administración Carter, se iniciaron muchos proyectos de investigación orientados a explorar fuentes alternativas de energía. Mas recientemente, durante la administración Clinton, se establecieron leyes para disminuir los niveles de contaminación por emisión de gases, motivados en buena medida por que durante la década de los 90's los problemas relacionados con el efecto invernadero y la disminución de la capa de ozono tomaron relevancia a nivel mundial, tanto para países ricos como pobres.

Es justamente el interés global en la búsqueda de nuevas fuentes de energía, lo que llevo a España a la construcción de la "Plataforma Solar de Almería" (PSA) [1], uno de los planes más ambiciosos en el mundo, y líder a nivel europeo, en el desarrollo e investigación de tecnologías para el aprovechamiento de la energía solar. A lo largo de este articulo se hará referencia a varios de los proyectos que los españoles han desarrollado en la PSA.

II.   Conceptos básicos

Existen diversas formas de aprovechar la energía solar. Se pueden agrupar en dos grandes categorías: térmicas y fotovoltaicas.

a) Las aplicaciones térmicas involucran:
1. Colectores solares para acondicionamiento de temperaturas en recintos cerrados.
2. Convertidores por el uso de concentradores
b) Las aplicaciones fotovoltaicas involucran:
1. Paneles solares para generación de electricidad con usos domésticos e industriales.
2. Paneles solares para el uso de electricidad en unidades móviles.

Aunque el uso de paneles solares con foto celdas resulta bastante prometedor, principalmente por ser un medio de conversión directa de la energía solar en electricidad presenta varios inconvenientes:

a) En lugares residenciales y en muchas aplicaciones industriales se requiere de un suministro de potencia en forma de corriente alterna. Las foto celdas generan corriente directa, así que se tiene que recurrir al uso de inversores, para convertir la potencia de directa a alterna, lo cual encarece la instalación. En nuestro país la Universidad José Simeón Cañas ha iniciado proyectos dentro de esta rama de investigación, y han logrado proporcionar potencia para la iluminación de uno de sus laboratorios usando foto celdas.

b) El costo de las foto celdas es caro comparado con otras fuentes de energía, sobre todo si se toma en cuenta el costo final del watt/hora generado. En parte, se podría reducir los costos de las fotoceldas si estas se pudiesen fabricar localmente. Sin embargo, ni el gobierno ni las universidades han hecho esfuerzos por involucrarse en tecnologías de fabricación de fotoceldas.

Fig. 23. Celdas solares

Las alternativas térmicas resultan más accesibles tomando en cuenta el nivel tecnológico en que se encuentra el país. Incluso España, que cuenta con mayores recursos que los nuestros, ha dedicado solo una fracción de su presupuesto a investigación de fuentes de energía solar a las alternativas fotovoltaicas, y en cambio se ha volcado por las soluciones térmicas.

En el caso del PSA, se destacan varias ramificaciones de técnicas que involucran el uso de concentradores solares. Antes de abordar cada una de ellas, vale la pena aclarar que es un concentrador solar: en si es cualquier dispositivo que valiéndose de uno o más espejos logre la concentración de varios haces de luz en un punto o en área pequeña, durante la mayor parte de un día.

III.   Concentradores solares

Los concentradores solares se pueden clasificar en:

   a) Cilindro parabólico
   b) Plato parabólico
   c) Arreglo de múltiples helióstatos y torre.
   d) Arreglo de espejos de tipo Fresnell.

Fig. 24. Concentradores solares cilindro-parabolicos. PSA, España.

Fig. 25. Sistema Distal 1, basado en plato parabólico. Almería, España

Fig. 26. Sistema de helióstatos y torre. Almería, España

Dentro del PSA, los investigadores españoles han hecho experimentos con los tres primeros mencionados. Casi todos los concentradores mencionados recurren a un modelo basado en la propiedad de un espejo parabólico de concentrar la luz en un punto. Los sistemas que recurren al uso de helióstatos, usan espejos planos, dotados cada uno de un sistema de seguimiento del sol, que les permite enfocar la luz reflejada sobre ellos en un punto en lo alto de una torre. Debido a los costos y complejidad de el sistema guía y de la cantidad de helióstatos a usar, generalmente estos espejos son relativamente grandes, y cubren un espacio de terreno de al menos 150 veces el área de cada uno de ellos. Este tipo de arreglo resulta de los más caros y ambicioso que se puedan construir, pero en el PSA, funciona uno desde hace varios años, para mantener en funcionamiento el horno solar que es parte de la torre del sistema.

Un tipo de concentración mucho mas común es la del arreglo cilindro parabólico. Aquí se recurre a un espejo cuya superficie es el resultado de una traslación longitudinal de una parábola. Cuando los rayos inciden sobre el espejo, se reflejan concentrándose a lo largo de una línea recta. Sobre esta recta, se hace correr un tupo por el cual circula un fluido para intercambio de calor. En muchas ocasiones se recurre a agua. Haciendo pasar el agua por varios concentradores de este tipo, se puede obtener vapor para aprovecharlo en un equipo convertidor de turbinas. El único inconveniente de este tipo de arreglo, es que aunque requiera de un sistema para el seguimiento del sol, este resultara limitado tomando en cuenta, las dificultades de la manipulación del concentrador conectado a un sistema de tuberías. Sin embargo, en el PSA, el sistema es funcional, y no recurren a ningún sistema de seguimiento, excepto en el caso de los concentradores del proyecto del lazo de ensayo LS-3, en el que se prueban sistemas de seguimiento del sol para concentradores cilíndrico-parabólicos. En toros, tan solo orientan el concentrador de acuerdo a la latitud del lugar, para tratar de conseguir la máxima captación de rayos solares al mediodía y dejan al sistema fijo.

En el proyecto de graduación de José Javier Velásquez Durón, "Diseño de la etapa de control para un calentador de luz solar autónomo" [2], se presenta un buen ejemplo de un sistema de seguimiento del sol, aplicado a un concentrador cilindro-parabólico. Una ventaja notable de los sistemas ensayados en el PSA, es que al interconectar varios concentradores cilíndrico-parabólicos logran conseguir altas presiones de vapor de hasta 100 bar y 370 °C.

Una alternativa al uso de un sistema que requiera tuberías y un cuarto de maquinas lejos del concentrador, es el uso del arreglo plato parabólico y motor Sterling. En un arreglo de este tipo, el concentrador es un plato parabólico que concentra los rayos en un solo punto, cuyo foco corresponde a la cámara de calentamiento de un motor Sterling. La ventaja aparente radica en que no se requiere tuberías, y el motor realiza la conversión de calor a energía mecánica, sobre el plato. Si se adapta un generador eléctrico al motor, se dispone de una forma simple de generar electricidad. Otra ventaja, es que el motor Sterling puede operar con aire caliente, por lo que su mantenimiento y operación resulta más barata que la de motor a vapor o a gas. Sin embargo, desde su invención hace más de 150 años, nunca ha podido dar los niveles de potencia que se obtenían con motores a vapor. Sin embargo, para un plato parabólico relativamente pequeño, resulta funcional. Un inconveniente podría derivarse del uso de un sistema de seguimiento de sol. Aunque fuese un sistema similar a los que se usan con otros concentradores, el sistema de movimiento tendría que ejercer fuerzas mayores debido a:

a) El peso extra que representa el motor Sterling.
b) La ubicación del motor Sterling en el foco hace que todo el arreglo tenga mayor momento de inercia que el que tendría otro tipo de concentrador con igual masa.

A pesar de lo señalado, al no tener que acoplarse a un sistema de tuberías, el plato parabólico podría seguir al sol en su desplazamiento diurno, y adaptarse a las variaciones de trayectoria que se dan por el cambio de estaciones. De cualquier forma, los arreglos plato-parabólico usados en el PSA, no cuentan con sistemas de seguimiento de sol, y simplemente están dirigidos hacia el azimut, con una desviación igual a la latitud del sitio de emplazamiento, con el objeto de captar la mayor cantidad de luz solar posible al mediodía, durante los días mas largos del verano.

Una dificultad adicional la representa el hecho de conseguir una superficie parabólica reflejante lo suficientemente bien pulida, y a la vez, en la que no existan errores focales. Tradicionalmente, de conseguirse un perfil parabólico, resultaría más fácil de construir como un espejo cilíndrico-parabólico que como un paraboloide de revolución. La respuesta que han implementado en la plataforma solar Almería es funcional y práctica a la vez: recurren a una superficie elástica reflejante que cubre una cara circular de un tambor. Al extraer parcialmente el aire del tambor se genera una diferencia de presión distribuida uniformemente sobre la cara elástica, de manera uniforme. Esta presión deforma el material elástico, obligándolo a crear una depresión que tiene un perfil parabólico. El único problema consiste en calibrar la presión adecuadamente para que el paraboloide tenga el foco a la distancia deseada. Este tipo de deformación parabólica es generalmente un tema visto a nivel de la asignatura de resistencia de materiales, para muchos estudiantes de ingeniería, pero generalmente se estudia con el propósito de evitarla, a diferencia de este caso, en que es provocada a propósito, con el objeto de simplificar el proceso de creación del plato parabólico. De hecho, al simplificarlo de esta manera, su fabricación resulta más rápida y más barata que la de los discos parabólicos usados en transmisiones satelitales. Vale la pena señalar, que esta forma de crear la superficie del plato, es eficiente, pero habría que ajustar la diferencia de presión tomando en cuenta la altura del sitio donde se va a emplazar el concentrador. Cuanto mayor resulte la altura del lugar, se deberá crear un mayor vacío dentro del tambor.

IV. Otras alternativas

Una posibilidad de concentrador sería un arreglo de tipo Fresnell de espejos. Esta posibilidad no ha sido probada por los investigadores del PSA, aunque guarda muchas similitudes con sus arreglos de helióstatos usados en su proyecto de horno solar. La idea surge de que si se disponen dos o mas espejos logrando que rayos paralelos se reflejen concentrándose en un solo punto, se podrá lograr un efecto de concentración mucho mayor, se cuenta con un mayor número de espejos cubriendo un área más grande.

Al final, se dispondrían todos los espejos sobre una superficie plana, pero cada uno orientado en ángulo diferente. Los espejos que estarían más cercanos al foco presentarían un ángulo mas bajo respecto al plano que sirve de apoyo a los espejos, mientras que los más alejados del foco tenderían a orientarse en un ángulo cada vez más cercano a la perpendicular al plano. La ventaja aparente de este método radica en que no se necesitaría de una superficie parabólica para el desarrollo del concentrador, pero la dificultad surge de la correcta orientación de cada pequeño espejo. Adicionalmente, cada espejo cercano al foco, condiciona la posición en que ha de colocarse cualquier espejo colocado hacia la periferia. (Ver figura 27)

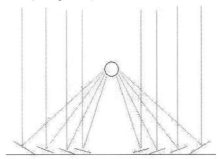

Fig. 27. Arreglo de espejos de tipo Fresnell

En otros términos, los espejos estarían organizados formando círculos concéntricos. Todos los espejos de un mismo círculo tendrían la misma inclinación respecto a la vertical, y conforme nos alejamos del centro del plano hay que ir dejando un espaciamiento más pronunciado entre los círculos de espejos para que los espejos de un círculo interno no obstaculicen los rayos reflejados por el siguiente círculo más externo. Ello equivale a que se vayan acumulando áreas que no reflejan ninguna luz o zonas muertas entre los círculos de espejos. Esto significa que si comparamos la luminosidad reflejada por un arreglo de este tipo, con la que reflejaría un disco parabólico de igual diámetro, siempre cabría esperar mayor concentración por parte del espejo parabólico. Así, si la distancia de un círculo al centro del plano es r
, h es la altura de un espejo de ese círculo

, d es el ancho de la zona muerta

, f es la distancia del foco al plano entonces

$$\theta = \arctan(\frac{r}{f}) \tag{1}$$

Y $d = h\tan(\theta)$ aproximadamente $\tag{2}$

Por lo que podría plantearse que:

$$\frac{d}{h} = \frac{r}{f} \Rightarrow d = \frac{rh}{f} \tag{3}$$

El área de cada zona muerta sería, suponiendo que h es constante

$$A = \Pi((r+d)^2 - r^2)$$
$$A = \Pi(2rd + d^2)$$
$$A = \Pi(2r^2\frac{h}{f} + r^2\frac{h^2}{f^2}) \tag{4}$$
$$A = \Pi r^2\left(2\frac{h}{f} + \frac{h^2}{f^2}\right)$$

Obviamente el tamaño de cada zona muerta se incrementa al final en proporción al cuadrado de la distancia al centro del plano. Un plano más grande solo incrementaría el número y tamaño de zonas muertas. El único elemento que contribuirá a reducir el tamaño de esta área es mantener una distancia focal considerable, pero ello implica una estructura más grande y a la larga más pesada.

Otro problema adicional lo representa el desplazamiento del sol en el cielo. Si no se cuenta con un sistema de seguimiento del sol, no solo se producirá un decremento en la intensidad de la luz que el concentrador logra. Cada pequeño espejo dirigirá los rayos reflejados hacia puntos diferentes del espacio, lo que ocasionara que en lugar de concentrarse los rayos estos se irán dispersando, con forme la línea de vista del sol se aparta de la perpendicular al plano del arreglo de espejos de tipo Fresnell. Otra consecuencia, es que muchos de los espejos empezaran a producir sombra sobre los adyacentes, por efecto del desplazamiento del sol. La cuestión será ahora encontrar una forma de corregir estos problemas. Solo hay dos soluciones aparentes:

a) Que el plano completo sobre el que se encuentran los espejos se desplace siguiendo al sol.

b) Que cada espejo individual se reoriente tratando de conseguir un foco único para los rayos reflejados.

Una reorientación de cada espejo individual involucraría usar un microprocesador único y múltiples servomecanismos, lo cual incrementaría la complejidad del proyecto y su costo. Un sistema único para reorientar el plano resultaría más simple, pero conllevaría el uso de un único sistema guía que consumiese mas potencia para mover al plano junto con todos los espejos. Sin embargo, no debería consumir mas potencia que el sistema de movimiento de un disco parabólico. Aunque ateniéndose a estas recomendaciones se podría mejorar la operación del concentrador, el costo de su manufactura siempre sería superior a la del disco parabólico basado en una membrana reflejante.

Una alternativa menos compleja que la última descrita consistiría en un arreglo que aprovechara la variación de la desviación máxima del sol al pasar por un medio refrigente. Para el caso, cuando los rayos del sol inciden sobre la superficie del agua, con un ángulo ligeramente inferior a los 90° respecto a la normal, l os rayos dentro del agua forman un ángulo de 48.59°. Ello es debido a la refracción de la luz al pasar del aire al agua. Si la los rayos van formando ángulos más agudos (como ocurre con forme el sol se eleva en el cielo), los ángulos dentro del agua también tienden a 0. Conforme pasa el tiempo, los ángulos de incidencia se vuelven negativos, así como los ángulos de refracción, pero su valor absoluto siempre será inferior a los 48.59°. Este f enómeno se puede aprovechar para colocar cualquier sistema de espejos que concentre la luz refractada en un foco dentro del agua, y ya que la variación de los ángulos se ha reducido casi a la mitad, se podría operar sin necesidad de un sistema de seguimiento de sol complicado. Sin embargo, a la fecha no se construido ningún concentrador de este tipo, así que habría que esperar para tener resultados empíricos que verifiquen esta teoría.

V. Sistemas de seguimiento del sol.

La gran mayoría de los sistemas de seguimiento del sol usan foto celdas (al menos 2) orientadas en ángulos distintos, con el objeto de que solamente reciban la misma intensidad de luz cuando los rayos del sol inciden de igual forma en sobre ambas celdas, y a su vez la captación de luz solar sobre el concentrador es máxima. Si la posición del sol cambia, se presenta una diferencia de potencial sobre las celdas de tal forma que esta diferencia puede retroalimentarse a un sistema de control que inicie el movimiento del concentrador y las foto celdas para logra la orientación optima.

En algunos casos se recure a un sistema con al menos 3 foto celdas para lograr orientación del concentrador tanto de elevación como de orientación norte-sur. Ello se hace debido a que a lo largo de los meses la trayectoria aparente del sol en el cielo (eclíptica) cambia. En los meses de verano el sol aparenta salir más hacia el norte, y moverse orientado hacia la zona norte de la bóveda celeste. La situación es la opuesta en los meses de invierno. Cuanto mas grande es la latitud del sitio en que esta montado el concentrador, mayor es este efecto conforme se da el cambio de las estaciones. Generalmente los concentradores que incluyen un sistema de seguimiento del sol que compense estas variaciones estaciónales en la eclíptica recurre de 3 a 4 celdas para el sistema de posicionamiento, pero por la complejidad del sistema, rara vez son sistemas grandes. Casi siempre se trata de sistemas pequeños de disco parabólico.

Un factor que hay que tomar en cuenta es que un sistema orientado por celdas solares, quedaría sin punto de referencia y guía cuando el sol esta nublado, y si solo se valiera de ellas para orientarse, tendría que experimentar cambios bruscos de posición cuando el cielo se despejara. Para evitar los consiguientes gastos extremos de energía en esos casos, se ha recurrido a sistemas autónomos para la orientación del concentrador. Algunos son sistemas puramente mecánicos, no muy diferentes a un mecanismo de relojería, y otros son sistemas basados en microprocesadores que mantienen tablas en memoria con registros de posiciones del sol en función al tiempo, o que llevan a cabo cálculos en base a formulas para predecir la posición del sol aunque no se reciba ninguna señal de las foto-celdas. En la medida que estos sistemas compensen incluso la desviación estacional de la trayectoria del sol, se vuelven más complejos.

VI. Conversión y almacenamiento de energía.

Uno de los hechos que los críticos de la energía solar siempre sacan a colación es como disponer de la energía en días nublados o de noche. Se han desarrollado sistemas de almacenamiento durante años, los cuales incluyen desde colectores solares que conservan el calor durante un tiempo, a complejos sistemas basados en baterías. El hecho de que nos volvamos con el paso del tiempo, más y más dependientes de la electricidad, y que en los países en desarrollo el calor no es un elemento tan necesario como en otras latitudes, orientara las investigaciones al desarrollo de tipos más eficientes de baterías.

Un elemento interesante en torno al uso de baterías, es que en la última década se ha despertado un interés mayor por el uso de las llamadas celdas de combustible[3]. Estas a diferencia de las baterías comunes no utilizan metales o elementos sólidos como electrodos, sino que se valen de líquidos o gases que se recombinan dentro de la batería, generando diferencia de potenciales en los electrodos, los cuales son semipermeables. El interés surge, porque normalmente uno de los gases del proceso es oxigeno, y el otro un elemento combustible (como el hidrogeno) y los niveles de eficiencia de conversión de energía superan el 70%, lo cual lo convierte en un medio para generar electricidad mucho mas eficiente que cualquier convertidor térmico conocido (incluyendo las centrales nucleares).

Una integración entre las tecnologías solares y las de las pilas de combustible se esta experimentando en EE.UU., donde se utiliza foto-celdas para generar la electricidad necesaria para por un proceso de electrolisis separar el hidrogeno del agua. El hidrogeno es almacenado, y posteriormente distribuido en vehículos que operan con celdas de combustible, los cuales se movilizan para realizar tareas especificas y posteriormente recargan las celdas de combustible con más hidrogeno en la estación de almacenamiento. La ventaja de un proceso como este es que el residuo final de la conversión de energía es vapor de agua, y el único elemento consumible por la planta de conversión y almacenamiento es agua. Solo se necesita de una zona donde existan suficientes días soleados para mantener el proceso en marcha. Por supuesto, se trata de una tecnología limpia que no tiene mayor impacto ambiental, pero para pasar de la etapa experimental, a su uso extensivo se requeriría la conversión de una considerable cantidad de vehículos de motores de combustión interna a motores eléctricos operados por celdas de combustible. Además habría que sustituir a la mayoría de gasolineras por estaciones de almacenaje de hidrogeno. Este tipo de conversión a la larga será impulsada más por factores económicos que por cambios drásticos en la tecnología.

Un sector en el cual estos métodos de conversión de energía tendrían mayor acogida, es el de telecomunicaciones. Aunque normalmente el trabajo en el área de telecomunicaciones no involucra técnicas sofisticadas de conversión de energía, el problema surge debido a la necesidad de alimentar con potencia unidades repetidoras remotas, estaciones de transmisión y otros equipos a los cuales resulta difícil conectar a la red de potencia, debido a su condición aislada y remota. No es extraño entonces, que empresas como Siemens, hayan desarrollado tecnologías de conversión de energía, a partir de paneles solares y de convertidores cólicos, para alimentar unidades remotas en una red de transmisión. Los trabajos en este terreno también incluyen el desarrollo de la tecnología de las pilas de combustible, específicamente aquellas que utilizan hidracina, en lugar de hidrogeno.

Recientemente, el proyecto SOLARNET, manejado por la Universidad Centroamericana José Simeón Cañas, ha recurrido a la conversión fotovoltaica como un medio para proporcionar potencia eléctrica a los edificios de una escuela en una zona rural del departamento de Santa Ana. Se vale de baterías recargables para el almacenamiento de energía, y de un sistema de inversores para generar potencia de alterna para el funcionamiento de equipos de computo, sistemas de iluminación y la potencia consumida por el sistema que garantiza la conexión satelital a Internet. Aunque esta técnica no recurre a los recursos descritos de concentradores solares, ni sistemas de seguimiento del sol o el uso de pilas de combustible, es una demostración de que el interés por desarrollar tecnologías solares ya esta al alcance de la mano de instituciones salvadoreñas.

Conclusiones

Las técnicas basadas en el uso de concentradores solares, a pesar de algunos inconvenientes relacionados con el manejo de fluidos a alta temperatura, han mostrado ser eficaces, de acuerdo a los logros obtenidos por el PSA. Un elemento atractivo de esta tecnología es que puede desarrollarse fácilmente en países de Latinoamérica, a pesar de no poseer los medios para la fabricación de elementos semiconductores. Sin embargo, las técnicas basadas en la conversión fotovoltaica, a pesar de su dependencia del uso de semiconductores, presenta el incentivo de ser una tecnología que no requiere mucho mantenimiento, y aunque se tenga que recurrir al uso de inversores para su uso en aplicaciones domesticas o de pequeños ambientes de oficina, ello representa una alternativa viable en algunas circunstancias.

Ya que existen diversos diseños de concentradores solares, sería una inversión viable para el país (sin descartar el uso de la conversión fotovoltaica) el llevar a cabo investigaciones propias, orientadas a explotar el recurso solar por medio concentradores. La búsqueda de medios que reduzcan la dependencia del petróleo puede llevar a resultados que no solo sean beneficiosos para la economía sino también para el medio ambiente.

Capítulo 8 Nanosolar, retando a los paneles solares tradicionales.

Mediante modernas técnicas de nanotecnología, hace algunos años la empresa Nanosolar incursiono en el campo de la energía fabricando paneles solares más baratos que los tradicionales de silicio.

La empresa fue fundada en el año 2002 y opera desde su base en San José California.

A diferencia de otros fabricantes no se vale de una oblea de silicio que es "dopada" para crear un semiconductor, el cual reaccionaria frente a la luz creando una diferencia de potencial entre ánodo y cátodo.

Las celdas de nanosolar operan con costos de 1 dólar por wattio, lo que las convierte en las celdas mas baratas del mercado.

La empresa utiliza una mezcla de cobre, indio galio diseleniuro, para formar una película delgada que se consolida sobre una placa metálica. Las pruebas de hace 2 años revelaban eficiencias del 15% en condiciones de laboratorio.

La meta de la empresa es crear una técnica que permita crear una tinta que pueda colocarse sobre cualquier superficie conductora. De esta forma no habría superficie de un edificio, auto o barco que no pueda usarse como una fuente de energía en condiciones normales de iluminación.

El reto en la actualidad es ir más lejos para muchas empresas, y convertirse en pioneros de las investigaciones aplicadas de nanotecnología.

Bibliografía

Autor: Rashid, Muhammad H.

Título: Electrónica de Potencia : Circuitos, Dispositivos y Aplicaciones. / Muhammad H. Rashid

Imp / Ed.:   MEXICO, MEXICO : PRENTICE HALL, 1997

Edición: 2a. ed.

Descripción: 697 P.

ISBN: 968-880-586-6

http://www.windpower.org/
http://www.microsiervos.com/archivo/mundoreal/rascacielos-con-aerogeneradores.html
http://enlacecientifico.comlu.com/mostrar1.php?p=20103b04

"Estudio de Implementación de tecnologías mareomotrices y undimotrices como pequeños medios de generación de distribuida". Autor: Alejandro Medel Caro. Publicado por la Universidad de Chile. Año 2010. 122 paginas.

"Energías Renovables." Autor: Antonio Creus Solé Edit Gysa. Madrid, España . 2004 1a. ed. 402 P.

"Química". Autor: Gregory R. Choppin. Publicaciones Cultural, S.A. México. 1978. Décima sexta reimpresión. ISBN 968-439-070-X.

http://ingenieriaenlared.wordpress.com/2008/09/21/comienza-un-proyecto-pionero-de-verdant-power-en-new-york-sumergiendo-turbinas-en-las-aguas-de-east-river/
http://urcosolar.blogspot.com/2009/11/la-energia-mareomotriz.html
http://www.severntidal.com/
http://www.aquamarinepower.com/
http://noticias.canariasgratis.com/news_80_Proyecto-WELCOME-Plataforma-Oceanica-de-Canarias.html
http://es.wikipedia.org/wiki/Convertidor_de_energ%C3%ADa_de_olas_Pelamis

http://www.oceanpd.com/

http://es.wikipedia.org/wiki/Helio-3

http://en.wikipedia.org/wiki/Helium-3

http://en.wikipedia.org/wiki/Cold_fusion

http://en.wikipedia.org/wiki/Nuclear_fision

http://en.wikipedia.org/wiki/Nuclear_fusion

http://www.rena.edu.ve/TerceraEtapa/Quimica/ReaccionesNucleares.html

http://es.wikipedia.org/wiki/Tokamak

http://es.wikipedia.org/wiki/Bomba_at%C3%B3mica

Plataforma Solar Almería www.psa.es

"Diseño de la etapa de control para un calentador de luz solar autónomo" , José Javier Velásquez Durón, Universidad Don Bosco, 2003.

Constitución y Funcionamiento de las Pilas de Combustible, SIEMENS,1998..

http://www.uca.edu.sv/investigacion/

MoreBooks!
publishing

i want morebooks!

uy your books fast and straightforward online - at one of world's astest growing online book stores! Free-of-charge shipping and nvironmentally sound due to Print-on-Demand technologies.

Buy your books online at
www.get-morebooks.com

Compre sus libros rápido y directo en internet, en una de las brerías en línea con mayor crecimiento en el mundo! Envío sin argo y producción que protege el medio ambiente a través de las ecnologías de impresión bajo demanda.

Compre sus libros online en
www.morebooks.es

VDM Verlagsservicegesellschaft mbH
Dudweiler Landstr. 99   Telefon: +49 681 3720 174   info@vdm-vsg.de
D - 66123 Saarbrücken   Telefax: +49 681 3720 1749   www.vdm-vsg.de

Made in the USA
Monee, IL
01 November 2020

46501630R00039